Armin Täubner

Blüten und Blätter

Blumen-Motive aus Tonkarton mit filigranem Rahmen

frechverlag

Von dem bekannten und beliebten Autor Armin Täubner sind im frechverlag zahlreiche andere Titel erschienen. Hier eine Auswahl:

TOPP 2091

TOPP 1943

TOPP 2029

TOPP 2040

TOPP 2044

TOPP 2093

Fotos: frechverlag GmbH + Co. Druck KG, 70499 Stuttgart; Birgitt Gutermuth

Auflage: 5. 4. 3. 2. 1. | Letzte Zahlen
Jahr: 2000 1999 98 97 96 | maßgebend

frechverlag GmbH + Co. Druck KG, 70499 Stuttgart

ISBN 3-7724-2092-3 · Best.-Nr. 2092

Druck: frechverlag GmbH + Co. Druck KG, 70499 Stuttgart

Wenn Sie Blumen lieben, dann stehen bestimmt auch in Ihrer Wohnung so beliebte Topfpflanzen wie Usambaraveilchen, Weihnachtskaktus und Weihnachtsstern, Flamingoblume und Alpenveilchen!
In Ihrem Garten könnten Primeln, Maiglöckchen und Fuchsien wachsen und blühen.

Seltener und nur in bestimmten Landschaften finden sich Pflanzen wie die hochgiftige, aber medizinisch wertvolle Tollkirsche, Orchideenarten wie der Frauenschuh, die Fliegen-Ragwurz mit ihren an Fliegen erinnernden Blüten oder die Trollblume, die nur auf feuchten Wiesen wächst.

Um diese geschützten und bedrohten Pflanzen zu sehen, muß man meist weit wandern und auch viel Glück haben.

Alle Blüten und Blätter aus diesem Buch können Sie sich jedoch leicht in Ihre Wohnung und an Ihr Fenster holen, ohne daß die empfindlichen Blüten verwelken – Sie müssen sie nur einfach anhand der Vorlagen nachbasteln!

Schritt-für-Schritt-Anleitung

1

2

3

4

1. Übertragen Sie den Rahmen Ihres ausgewählten Motivs mit Zirkel, Lineal und Bleistift auf Transparentpapier, oder kopieren Sie ihn auf weißes Papier.
Die Vorlage wird mit dem Klammerhefter mehrfach auf dem Tonkarton der gewünschten Farbe fixiert. Achten Sie hier besonders darauf, daß sich die Klammern nur in den Flächen befinden, die später heraus- bzw. weggeschnitten werden.

2. Mit dem Cutter ziehen Sie nun die Linien so stark nach, daß Sie gleichzeitig durch die Zeichnung und den Karton schneiden. Im Fachhandel gibt es spezielle Schneideunterlagen. Zur Not genügt allerdings auch ein Stück dicke Pappe; sie muß jedoch öfters gewechselt werden, da bereits vorhandene Schnitte in der Unterlage die Klinge beim Arbeiten ablenken können.
Schneiden Sie stets zuerst die kleinen Flächen aus, dann die größeren Mittelteile. Die äußere Kontur wird erst ganz zum Schluß mit Cutter oder Schere nachgearbeitet.

3. Pausen Sie die anderen Teile des Motivs mit dem Bleistift auf Transparentpapier nebeneinander ohne Überschneidungen ab.

4. Anschließend kleben Sie das Transparentpapier auf dünnen Karton.

Schritt-für-Schritt-Anleitung

5. Die Teile werden nun mit Schere und/oder Cutter exakt ausgeschnitten.

6. Nachdem Sie diese Schablonen auf Tonkarton in der entsprechenden Farbe gelegt haben, zeichnen Sie die Konturen mit Bleistift nach.

7. Schneiden Sie nun die Teile in der benötigten Anzahl aus.

8. Anschließend kleben Sie die Teile zusammen – das Foto und die Vorlage geben jeweils Positionierungshilfen.
Mit Tuschefüller, Filzstift, Lack- oder Stickmalfarbe (COLORPOINT) können Sie zusätzliche Verzierungen anbringen.

Tip:
Wenn Sie die Rahmen vereinfachen wollen, lassen Sie hier z.B. einfach die Innenflächen des Rahmens weg (siehe auch den Rahmen der Fuchsie, Seite 7).

Fuchsie

Schneiden Sie den Rahmen samt Zweigen aus grünem Tonkarton in folgender Reihenfolge zu:

- die drei kleinsten Innenflächen
- die Konturen des Fuchsienzweiges
- die beiden großen Innenflächen
- die äußere Kontur

Die beiden geöffneten Blüten bestehen jeweils aus fünf Teilen, die Knospe aus einem Teil. Zwischen die beiden rosa Blütenteile (gestrichelte und punktierte Linie) kleben Sie die gelben Staubgefäße (durchgezogene Linie).

Das rosa-gelbe Teil wird entweder von vorne oder von hinten am violetten Oberteil der Blüte (durchgezogene Linie) befestigt. Das zum Schluß angeklebte, separate violette Blütenblatt (punktierte Linie) vervollständigt die Blüte.

Die Blüten und die Knospe werden von hinten an den grünen Stielen angebracht.

Abschließend kleben Sie den Fuchsienzweig auf eine weiße Kartonscheibe mit 20 cm Ø (die Einstichstelle für den Zirkel ist ein kleines Kreuz).

Flamingoblume

Schneidefolge für den Rahmen:

❧ die kleinen Innenflächen des Rahmens
❧ die vier großen Innenflächen
❧ die äußere Kontur

Kleben Sie die rote halbkreisförmige Bodenfläche auf den Rahmen. Das grüne Stengelteil der Pflanze (durchgezogene Linie) wird von hinten am weißen Blumentopf befestigt.

Nun können die zweiteiligen Blüten und Blätter angebracht werden. Kleben Sie die Pflanze auf den weißen Rahmen.

Weihnachtskaktus Abbildung Seite 10

Schneidefolge für den Rahmen:

❧ die kleinen, rechteckigen Innenflächen des Rahmenbodens
❧ die restlichen kleinen Innenflächen
❧ die runde Innenfläche
❧ die äußere Kontur

Bekleben Sie die weiße Fläche im Rahmen mit einem grünen Rechteck (gestrichelte Linie).
Anschließend wird der weiße Blumentopf (punktierte Linie) angebracht.
Jetzt werden von vorne die drei oberen Kaktuszweige am oberen Blumentopfrand befestigt.
Die beiden unteren Zweige werden so angebracht, daß sie den oberen Topfrand völlig verdecken.
Die Zweigenden zieren entweder Knospen oder geöffnete Blüten.
Dafür wird entweder nur das längliche Mittelteil (durchgezogene Linie) oder zusätzlich noch das etwas breitere Blütenteil (gestrichelte Linie) aufgeklebt.

Primel mit Marienkäfern
Abbildung Seite 11

Schneidefolge für den Rahmen:

- die kleinen Innenflächen des Rahmens
- die große, halbkreisförmige Innenfläche
- die äußere Kontur

Kleben Sie das braune, halbkreisförmige Bodenteil (gestrichelte Linie) auf den weißen Rahmen. Nun werden die Blütenstiele (gestrichelte Linie) am Blatteil der Primel (durchgezogene Linie) befestigt, bevor Sie die gelben Blüten anbringen.

Mit Tuschefüller die fünf gelben Blütenblätter abgrenzen und einen kleinen Kreis in die Blütenmitte malen. Zusätzlich werden mit einem orangeroten Filzstift fünf Farbpunkte aufgetupft. Die Marienkäfer bestehen jeweils aus einer ovalen, roten Kartonscheibe, die mit einem schwarzen Filzstift oder einem Tuschefüller bemalt wird.

Frauenschuh

Schneidefolge für den Rahmen:

- die große Innenfläche
- die äußere Kontur

Zuerst wird am weißen Rahmen die braune Bodenfläche (gestrichelte Linie) befestigt. Kleben Sie nun das große Grünteil (durchgezogene Linie) auf den Rahmen. Anschließend werden die beiden separat ausgeschnittenen Blätter angebracht. Es folgt das letzte Grünteil (gestrichelte Linie), das am obersten Blatt und oben am weißen Rahmen befestigt wird. Die beiden Blüten bestehen jeweils aus drei Teilen. Auf dem vierzackigen, braunen Blütenstern wird zuerst das große und dann das kleine gelbe Blütenteil befestigt. Auf das kleine Blütenteil tupfen Sie dunkelbraune oder schwarze Filzstiftpunkte.

Maiglöckchen mit Widderchen

Schneidefolge für den Rahmen:

❧ die rechteckigen Innenflächen
❧ die äußere Kontur

Am weißen Rahmen werden zuerst die beiden braunen Flächen (gestrichelte Linien) angebracht.

Auf das erste Blatt (durchgezogene Linie) kleben Sie das zweite, gestrichelte Blatt.
Darauf befestigen Sie den Blütenstengel und das dritte Blatteil (punktierte Linie).

Jetzt können die sechs weißen Blütenglöckchen am Stengel befestigt werden.

Der Schmetterling (Widderchen) wird als ein Teil aus rotem Karton ausgeschnitten und mit schwarzem Filzstift oder Tuschefüller bemalt.

Kleben Sie Maiglöckchen und Widderchen auf den Rahmen.

Zimmerkalla

Schneidefolge für den Rahmen:

❧ die kleinen Innenflächen des Rahmens
❧ die streifenförmigen Flächen am Rahmenboden
❧ die große, bogenförmige Innenfläche
❧ die äußere Kontur

Kleben Sie das grüne Stengelteil der Pflanze von hinten an den weißen Blumentopf.

Nun werden die Blätter an den Stengeln befestigt.

Jede Blüte besteht jeweils aus drei Teilen.
Am Stengelende fixieren Sie zuerst das gestrichelte weiße Teil.

Der zweite weiße Teil (durchgezogene Linie) hat einen Einschnitt, in den Sie den gelben Blütenkolben (punktierte Linie) etwa zur Hälfte einstecken.

Kleben Sie jetzt die beiden weißen Blütenteile aufeinander.

Zum Schluß wird die Pflanze am Rahmen befestigt.

Usambaraveilchen

Zeichnen Sie auf dunkelgrünen Tonkarton mit dem Zirkel den Rahmen, und schneiden Sie ihn aus.

Auf den Rahmen kleben Sie das violette Bodenteil (gestrichelte Linie).

Am weißen Blumentopf (gestrichelte Linie) wird von hinten das grüne Stengelteil (durchgezogene Linie) befestigt.

Nun werden die violetten Blüten an den Stengelenden angebracht.

Verdecken Sie den oberen Rand des Blumentopfes durch die aufgeklebten Blätter.
Beginnen Sie mit den beiden Blättern mit durchgezogenen Rändern.
Es folgen die Blätter mit gestricheltem Rand.
Von hinten werden die punktierten Blätter angebracht.

Tupfen Sie mit COLORPOINT oder einem gelben Lackstift in jede Blüte fünf kreisförmig angeordnete Punkte.

Mit demselben Stift können Sie auch den Blumentopf verzieren.

Fliegen-Ragwurz

Schneidefolge für den Rahmen:

❧ die kleinen Innenflächen
❧ das große Mittelteil
❧ die äußere Kontur

Oberer und unterer Rahmenrand werden jeweils mit einem schmalen, grünen Kartonstreifen verziert.
Jede Blüte besteht aus drei Teilen. Auf das hellgrüne Blütenteil (punktierte Linie) kleben Sie das braune und schließlich das weiße Teil (durchgezogene bzw. punktierte Linie).

Nun wird das grüne Stengel-Blatt-Teil am Rahmen befestigt.
Jetzt können die Blüten angebracht und mit einem dunkelbraunen Filzstift und einem weißen Lackstift bemalt werden.

Alpenveilchen Abbildung Seite 22

Schneidefolge für den Rahmen:

❧ die kleinen Innenflächen des Rahmens
❧ die große Innenfläche
❧ die äußere Kontur

Kleben Sie das dunkelbraune, halbkreisförmige Bodenteil (gestrichelte Linie) auf den Rahmen. Darauf wird das grüne Stengel- und Blatteil befestigt (durchgezogene Linie). Es folgen die drei separat ausgeschnittenen Blätter, die so angebracht werden, daß ihre Stengelenden sich gegenseitig verdecken.
Die geöffneten Blüten bestehen aus jeweils zwei Teilen. Dabei wird am Stengel stets ein Teil von vorne, das andere von hinten angeklebt. Achten Sie darauf, daß eine Blütenspitze aus Stabilitätsgründen möglichst auch am Rahmen angeklebt wird.
Die einteiligen Knospen werden jeweils von hinten befestigt.

Weihnachtsstern Abbildung Seite 23

Der Rahmen besteht aus zwei aufeinandergeklebten Kartonscheiben mit den Radien 8 cm (weiß) und 9,6 cm (grün). Stechen Sie den Zirkel direkt in den Tonkarton ein.

Auf der weißen Kartonscheibe befestigen Sie zuerst den roten Blumentopf und das große Blattgrünteil samt Stengel (durchgezogene Linie). Nun können Sie die drei einzelnen Blätter anbringen.

Die Blüte besteht aus zwei versetzt aufeinandergeklebten roten Blütensternen.

Die gelben Punkte werden mit COLORPOINT oder Lackstift aufgetupft.

Trollblumen und Dukatenfalter

Schneidefolge für den Rahmen:

- die kleinen Innenflächen des Randes
- die äußere Kontur

Bekleben Sie die Rahmenmitte mit einem weißen Kartonachteck (gestrichelte Linie).

Stengel und Blätter der Trollblumen werden als ein Teil ausgeschnitten. Auf die grünen kugelförmigen Stengelenden kleben Sie zuerst das gestrichelte gelbe Blütenteil. Bei den beiden großen Blüten werden die gelben Blütenblätter (punktierte Linie) jeweils zweimal benötigt und versetzt am gestrichelten Blütenteil befestigt. Schneiden Sie den Dukatenfalter als ein Teil aus orangefarbenem Karton aus. Rumpf und Flügelränder werden mit Filzstift schwarz eingefärbt.

Tollkirsche

Schneidefolge für den Rahmen:

- die kleinen, rechteckigen und dreieckigen Innenflächen des Rahmens
- die kleinen Flächen zwischen den Blättern, Stengeln und dem Rahmen
- die großen Innenflächen
- die äußere Kontur

Blüten und Fruchtstände bestehen aus jeweils zwei Teilen: den grünen Kelchblättern und der violetten Blüte bzw. der giftigen schwarzen Beere.

Sämtliche Beeren haben denselben Durchmesser (1,6 cm).

Die halb verdeckte Kirsche rechts unten wird zwischen zwei Kelchblätter geklebt.

Lampionpflanze

Schneidefolge für den weißen Rahmen:

❧ die schmalen, senkrechten Innenflächen
❧ die große, rechteckige Innenfläche
❧ die äußere Kontur

Schneidefolge für den grünen Rahmen mit den Blättern:

❧ die kleinen Flächen zwischen den Blättern bzw. zwischen Blättern und Rand
❧ beide großen Innenflächen
❧ die äußere Kontur

Kleben Sie den grünen Rahmen auf den weißen. Der weiße Rahmen erhält am oberen und unteren Rand jeweils einen grünen Zierstreifen.

Mit Tuschefüller zeichnen Sie die Konturen der Kelchblätter auf die orangeroten Fruchtstände.

Nun können Sie die Fruchtstände an den Stielen befestigen.

Kaiserkrone

Schneidefolge für den Rahmen:

- die schmalen Innenflächen des Rahmens
- die große Innenfläche
- die äußere Kontur

Kleben Sie auf das orangefarbene Blütenteil (durchgezogene Linie) die gelben, eingeschnittenen Staubgefäße und darauf das zweite Blütenteil (gestrichelte Linie).
Insgesamt werden drei Blüten benötigt.
Am großen Grünteil der Pflanze (durchgezogene Linie) wird am oberen Ende des Stengels eine Blüte befestigt. Bevor die beiden anderen Blüten von hinten angebracht werden, kleben Sie von vorne die Blattkrone (gestrichelte Linie) an.

Zum Schluß wird die Kaiserkrone im weißen Rahmen befestigt.

Aronstab Abbildung Seite 32

Der weiße Rahmen hat einen Radius von 9,3 cm.
Die Radien für den braunen Ring betragen 6,7 cm und 7,4 cm.
Stechen Sie mit dem Zirkel direkt in den Tonkarton ein.

Auf das hellgrüne Hüllblatt-Stengel-Teil kleben Sie den braunen, keulenförmigen Kolben und darauf die beiden tropfenförmigen Hüllblatteile.

Nun wird das hellgrüne Blütenteil am Rahmen befestigt.
Anschließend werden die Blätter angebracht.

Den Schmetterling (ein weiblicher Bläuling) schneiden Sie als ein Teil aus und bemalen ihn dann mit Tuschefüller oder schwarzem Filzstift.